天工謝人力
巧妙興奇懷

趙樸初時年九十

趙樸初

主　编

Chief Compiler

江　泽　慧

Jiang Zehui

江泽慧教授现任全国政协人口、资源、环境专门委员会副主任，国家林业局党组成员，中国林业科学研究院院长，中国花卉协会会长，国际竹藤组织董事会联合主席等职

中國名花

百歲冰心题

THE SERIES OF
CHINA FAMOUS-FLOWER

江泽慧 主编

中国名花专著系列

中国名花专著系列，
由著名花卉专家将其多年的
辛勤劳动成果——花卉培育经验、
花卉培育理论、花卉名品，
每品种以图文并茂的形式撰著成书，
自成体系，形成系列，
由中国林业出版社出版发行。
花卉产业在中国方兴未艾，
中国名花专著系列的出版
对中国花卉产业必将起到推动作用。

Chief Compiler Jiang Zehui

THE SERIES OF CHINA FAMOUS-FLOWER

The series of
China famous-flower
is authored by famous flower experts
who have rich experiences
and theories of flower culture.
Famous flowers and breeds with picture
and writing including in the books
form a series and are published
by China Forestry Publishing House.
This series will
do good to flower industry
which has a prosperous future in China.

中國蘭谷
深圳梧桐山苗圃總場
0755-5710468

中國蘭花

水晶艺研究及水晶名品鉴赏

刘仲健 著

中国林业出版社

书名题字　江泽慧　Jiang Zehui

图书在版编目（CIP）数据
中国名花专著系列／江泽慧主编
中国兰花水晶艺研究
及水晶名品鉴赏／刘仲健著.
－北京：中国林业出版社，1999.6
ISBN 7-5038-2261-9
Ⅰ.中… Ⅱ.刘…
Ⅲ.①兰科－花卉－观赏园艺－研究
②兰科－花卉－鉴赏
Ⅳ.S682.31
中国版本图书馆 CIP 数据
核字（1999）第 12688 号

中国兰花

水晶艺研究及水晶名品鉴赏

刘仲健　著

Study and Appreciation
on Crystal Art
of Chinese Orchids.
by Liu Zhongjian

Tel：13902470888

中国林业出版社出版
北京西城区刘海胡同 7 号
邮政编码：100009
深圳美光实业股份有限公司印刷
新华书店北京发行所发行
装帧设计　刘仲健
责任编辑：刘先银　雷嗣鹏
Email：steven@public.fhnet.cn.net
1999 年 6 月第 1 版
2002 年 8 月第 2 次印刷
开本：889mm × 1194mm　1/16
印张：22　彩色图片 390 幅
字数：518千字
印数：1001～3000册
定价：398.00元

刘仲健先生与国际油画大师刘宇一教授相聚深圳，刘宇一教授为《中国兰花》题词。(刘先银 摄)

刘宇一教授作品　良辰　油画　436cm × 208cm　1993–1997年作，2300万港元，由香港侨福建设企业机构收藏。

刘宇一教授作品　良宵　油画原作200cm × 100cm　1977–1993年作，836万港元，由香港企业家曾宪梓收藏。放大制作1226cm × 350cm，1992–1993年作，由北京毛主席纪念堂作永久陈列。

著名画家联袂书绘大型国画，祝贺《中国兰花水晶艺研究及水晶名品鉴赏》出版

102岁书法家，凌禹门，上海苏局仙弟子。

89岁画家，梁树年，中央美术学院教授，张大千弟子。

93岁画家，胡絜青，老舍夫人，齐白石弟子。

82岁画家，梅阡，北京人民艺术剧院著名导演，全国政协委员。

86岁画家，汪德祖，张大千弟子。

书画家陈梦麟，浙江书画院副院长，陆俨少、沙孟海弟子。

画家王西林，北京艺术交流中心艺术总监。

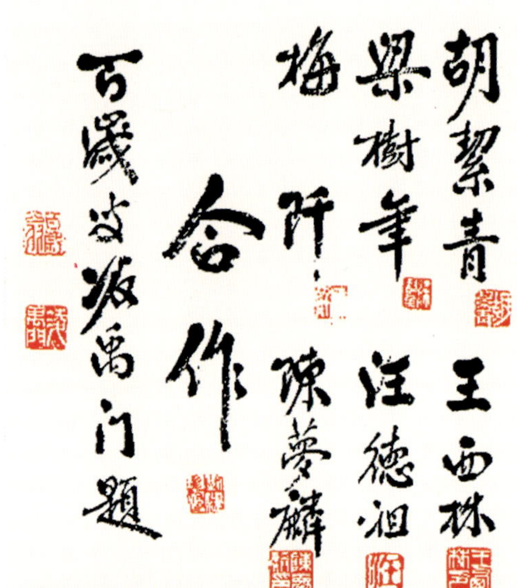

作者　胡絜青　梁树年　汪德祖　梅阡　王西林　陈梦
题字　百岁老人凌禹门

香祖風韻源遠流

序 PREFACE

江泽慧教授现任全国政协人口、资源、环境专门委员会副主任 国家林业局党组成员 中国林业科学研究院院长 中国花卉协会会长 国际竹藤组织董事会联合主席等职

中国兰文化的起源，从传统文化的角度可追溯到春秋战国时期，孔子的“芝兰生于幽谷，不以无人而不芳”和屈原的“予既滋兰之九畹，又树蕙之百亩”，成为兰文化的起源，故有“香祖”、“王者香”之称。从植物学的角度，北宋黄庭坚的“兰蕙出莳以沙石以茂，沃以汤茗则芳，是所同也。至其发华，一干一华而香有余者兰，一干五七华而香不足者蕙”中描述的兰蕙，可以看出与现代的兰蕙在植物学上的意义是一致的。所以说，中国兰花的艺术欣赏源远流长，其作为高尚情操的化身对中国文化的影响极其深远。

中国兰花艺术的欣赏随着时代的发展而逐步向多层面方向发展，从最早品味花朵的清香的“虽无艳色如骄女，自有幽香似德人”，追求花朵的瓣形，到“泣露光偏乱，含风影自斜。俗人那解此，看叶胜看花”。而今，追求亮丽斑斓的叶面线艺、奇花、色花及矮种奇叶到最近的水晶艺兰，更是将中国兰花的欣赏推向更高的层次。

时代在发展，兰花艺术及其欣赏也应推陈出新，使兰花艺术在发展中注入新的生命力，为此必须对观赏的范围有所创新和提高。对中国兰花水晶艺术的全面研究，无疑是为中国兰花艺术增添一块瑰宝。

《中国兰花水晶艺研究及水晶名品鉴赏》一书，通过图文并茂的形式，向广大兰花爱好者及有关技术人员介绍了中国兰花水晶艺的知识，丰富中国兰花艺术的内涵。

本书论及中国兰花水晶艺，主要是从植物学的角度，较为系统和全面地论述了中国兰花水晶艺的分布、植物学结构及其形态的表现形式，水晶艺兰与传统四大艺兰的关系，水晶艺兰表型与病毒病症及生理性症状的区别，提出了水晶艺兰的栽培要点，体现了本书内容的先进性和科学性。

本书着重于“新”，根据近年新发现和流行的水晶艺兰，通过彩色图片直观地将中国兰花的植物学方面的新进展呈现在广大读者面前，既可以作为图鉴又可以作为艺术品进行欣赏。最主要的是作为一种记载以引起植物学界的关注和研究。

如今，中国兰文化涉及的内容是在传统的根基上与现代科学、时代风尚及人的理念相融合。希望本书能带给读者更多新的中国兰花艺术的启示和信息。

江澤慧

一九九九年三月八日

前言 FOREWORD

我对中国兰花的研究可谓一往情深或者说是情有独钟，主要是想通过更为科学的方法，使中国兰花的栽培欣赏由传统文化内涵的层面，进入到市场经济的层面。正如通过改革将传统的计划经济模式进入现代的市场体系一样，使传统与现代结合，让清雅的君子之风渗入经济大潮中，在市场的磨合中领略新的文化内涵。不断地创新才能使传统得以弘扬，赋予新的生命力。

众所周知，中国兰花在韩国、日本，或是在我国的台湾拥有较大的市场，甚至美国、加拿大也逐渐流行。同时，我国的大中城市的市民生活水平逐步提高，对高雅艺术的消费需求日益显现。如何适应这种市场的需求，是值得广大兰花爱好者，特别是生物科学工作者思考的问题。

对于以上问题，我想从三方面入手来考虑。首先，要解决信息问题，究竟市场需要什么。其次，怎样满足市场这种需要。第三，在卖方市场转向买方市场时如何引导消费。也就是说，我们要做什么？为什么这样做？我们是怎样做的？

我国产兰区域，拥有得天独厚的气候条件和野生资源，作为山区农民如何发展家庭副业或在农闲时让闲置的劳动力得以利用，让他们利用天时地利的条件，发展养植中国兰花的副业，为脱贫致富多一种选择。这首先要做的工作，就是让他们知道市场需要什么质量的兰花商品或者说是消费品，使他们随时掌握市场的基本信息。然后，引导他们如何开展这方面工作，掌握栽培兰花的基本技术，了解中国兰花艺术的欣赏潮流，逐渐升华到从艺术的角度去领略兰文化的内涵，懂得如何去合理开发兰花资源，保护资源，以保证资源的永续利用，生产出满足市场包括国际市场需要的兰花产品。

本着这一目的，在我撰写了《中国兰花观赏与培育及病虫害防治》后，立即着手撰写《中国兰花水晶艺研究及水晶名品鉴赏》，旨在通过科学方法，从植物学科的角度对中国兰花的水晶艺兰作一些基础性的工作。基于这一理由，抛开水晶艺兰的熊市或牛市的市场因素，希望从纯科学的方面为水晶艺兰做一些资料整理，为开展这方面的研究工作创一条新路。同时，为中国兰花的产业化栽培提供一些依据，特别是使水晶艺兰能在不久的将来，在产业化经营方面占有一定的位置。为推动中国兰花在产兰区作为脱贫致富的一种选择方法，开展产业化经营，故此，本书在水晶艺兰科学理论研究的同时，促使在中国兰花这一领域里正在进行产业化经营的有志人士，共同推动这一行业的发展。

中国兰花的欣赏和栽培，既可以陶冶个人情操，又可以在市场经济中小试身手，从消遣中得到娱乐，也得到利益或收入，总比沉迷于卡拉OK来得实惠。当然，我并不反对人们去卡拉OK，因为在市场经济氛围中艺术的消费是多层次的和相当多的自由选择。本书的出版也基于这一理念。

本书得以出版，首先要感谢中国林业科学研究院院长江泽慧教授、中国兰花学会理事长陈心启教授等许多前辈专家和领导的热情关怀和指点。河南洛阳的王高潮先生在具体的工作中不遗余力；四川成都的徐公明、金士廉等先生拍摄并命名了四川各地的水晶艺兰。还有许多朋友，他们在物质或精神上给予的鼓励和支持，在此一并致谢。

劉仲建

1999年5月8日

作者简介

刘仲健，广东省台山市人，1982年毕业于华南农业大学，教授级高级工程师。现为中国高技术产业化协作组深圳专家委员会生物产业委员会副主任，深圳市青年科学家协会副会长。他长期从事科技研究，辛勤耕耘，治学严谨，在理论研究方面有很深造诣，先后在国内外学术期刊上发表论文100多篇，著有《中国兰花观赏与培育及病虫害防治》、《植原体病理学》、《中国牡丹培育与鉴赏及文化渊源》、《中国兰花奇花艺研究及奇花名品鉴赏》等学术专著6部。他和合作者首次建立了诊断柑橘黄龙病的酶标定位快速诊断及酶联免疫吸附分析法，制备单克隆抗体，创造了免疫荧光抗体检验法、胶体金—银染色免疫检验法，建立了能应用于生产的聚合酶链式反应等诊断方法，并确证柑橘黄龙病的病原为新型细菌，成功地解决了该病的病原问题，达到国际领先水平，成为“九五”国家科技成果重点推广计划指南项目；利用农杆菌携带柞蚕抗菌肽D基因成功地导入桉树，使植物品种改型；成功地分离出内生菌根并进行了人工培养，解决内生菌根不能人工培养的难题；开展了对国兰的大面积商品化栽培、病虫害防治、品种选育以及国兰系统的基础理论研究，发现了许多新分类群。提出了适合城市绿地的系统管理理论并对城市绿地系统的植物配置和树种选择作了分析，为定量规划提供了依据。

刘仲健先生在DNA重组技术、PCR技术、分子杂交技术、细胞培养及外源基因转染和表达、新药抗菌肽的研制方面具有相应的成果，被誉为“深圳市十佳青年科技工作者”、“深圳市青年科技带头人”、“广东省青年科技标兵”。

目录 CONTENTS

水 晶 艺 研 究

水 晶 名 品 鉴 赏

148 华珠水晶
149 冠　龙
150 龙富水晶
151 凤来朝
152 集美水晶
153 华富水晶
153 华凤水晶
154 华丰水晶
155 万顺水晶
156 金马水晶
157 狮头水晶
158 金威水晶
159 华安水晶
160 兴隆水晶
161 狮头水晶
162 鹰嘴水晶
163 川　龙
164 状元水晶
165 翡翠水晶
166 弘福水晶
166 天歌水晶
167 祥玉水晶
168 新晋水晶
169 望月水晶
170 新桂水晶
171 平安水晶
172 万代水晶
173 瑞云水晶
174 明月水晶
175 珍荷水晶
176 游龙戏凤
177 新品水晶
178 四季水晶
179 秀龙水晶
180 幸福水晶
181 水晶香蝶
182 皇淳水晶
183 祥玉水晶
184 祥龙水晶
185 鸡冠水晶
186 百福水晶
186 金海水晶
187 双乐水晶
188 幸福水晶
189 鸿运水晶
190 华光蝶水晶
191 富豪水晶
191 明月水晶
192 百灵水晶
193 富豪水晶
194 威虎水晶
195 贵泉水晶
196 宝泉水晶
197 金泉水晶
198 宏　龙
199 万顺水晶
200 永和水晶
200 兴旺水晶
201 永和水晶
201 兴旺水晶
202 银盏水晶
203 万祥水晶
204 百合水晶
205 玉戟水晶
206 百合水晶
207 欣荣水晶
208 银鹤水晶
209 银剑水晶
210 银剑水晶
211 珍珠水晶
212 宝丽水晶
213 春风水晶
214 奔月水晶
215 奔月水晶
216 美伦水晶
216 美奂水晶
217 新生水晶
217 初晓水晶
218 华冠水晶
219 玉洁水晶
220 稀宝水晶
221 玉斧水晶
222 美人水晶
223 红宝水晶
224 成业水晶
225 邀月水晶
226 春丽水晶
226 贵　龙
227 揽月水晶
227 祥云水晶
228 月辉水晶
229 春意水晶
229 遂心水晶
229 春风水晶
230 乐川水晶
230 金川水晶
230 佛光水晶
231 奇美水晶
232 佛龙水晶
233 鸳鸯水晶
234 富豪水晶
235 庆华水晶
236 翠华水晶
237 福　龙
238 银勺水晶
239 欢庆水晶
240 乐梅水晶
241 中华白海豚
242 中华白海豚
243 新桂水晶
244 富豪水晶
245 寿星水晶
246 金顶水晶
247 新鑫水晶
248 富民水晶
248 秀龙水晶
249 珍　龙
250 三宝水晶
251 明　龙
252 新发水晶
253 安　龙
254 登峰水晶
254 巧妙水晶
255 冰心奇龙
256 福临水晶
256 凤来朝
257 银峰水晶
258 青城水晶
259 兆祥水晶
260 奇异水晶
261 云雀水晶
261 天鹅水晶
262 剑　龙
262 秀龙水晶
263 玉峰水晶
263 同乐水晶
264 华祥水晶
264 华安水晶
264 华盛水晶
265 天鹏水晶

附录　专家评介

水晶艺研究

凌月水晶

作为中国兰花的另类艺术——水晶艺，经过艺兰界的全力追捧后，最近似乎到了盘整沉寂的时候。然而，无论怎样，水晶艺在传统的线艺、奇花、矮种奇叶及奇色花的欣赏潮流中异军突起，成为兰文化的内容之一，很有必要抛开市场供求关系，对兰花本身作出科学的研究，利用植物学、分类学、植物形态解剖学、植物生理学的相关理论，对水晶艺兰进行科学的解释，使传统的兰文化在注入新的活力时，更具科学性。

一、水晶艺兰的植物学研究

1. 水晶艺兰的分布

在中国兰花的兰属种及变种或栽培品种中，均存在水晶艺。目前已发现的种及栽培品种具有水晶艺的有：

(1) 墨兰（*Cymbidium sinense*）

来自不同产地的野生墨兰均有水晶艺，特别是福建平和一带，云南文山、思茅和广西百色以及越南北部山区较多。而栽培的墨兰固定品种如达摩、祥玉、黑鸟嘴、万代福等也有水晶艺出现。甚至广东栽培的“企墨”、“白墨”(*C. sinense* var. *albo-jucundissimum*)都出现水晶艺现象。

秋墨（榜）（*C. sinense* var. *autumnale*）

秋墨主要出产云南、海南和广西等地，其出艺形式与墨兰相似。

(2) 四季兰（建兰）(*C. ensifolium*)

在四季兰产地的原生种均出现水晶艺。尤以四川出产的四季兰水晶艺较多。而栽培品种铁骨素心出现了较为明显的水晶艺。

(3) 春兰(*C. goeringii*)

贵州和云南产地出产的春兰出现水晶艺较多，福建和湖北等地也有出产。而春兰的变种出现水晶艺的有：

雪兰(*C. goeringii* var. *papyfiflorum*)

主要产于云南，其水晶艺形式多样。

线叶春兰（台湾称呼丝兰）(*C. goeringii* var. *serratum*)

各地产的线叶春兰均出现水晶艺。

(4) 春剑（台湾称呼卑亚兰）(*C. longibracteatum*)

四川、云南和贵州等地出产。而软叶春剑(*C. longibracteatum* var. *flaccidiflium*)、通海剑(*C. longibracteatum* var. *tonghaiense*)和大红朱砂(*C. longibracteatum* var. *rubisepalum*)均发现有水晶艺。

(5) 莲瓣兰(*C. lianpan*)

云南的产兰区水晶艺出现较多。

(6) 豆瓣兰(*C. goeringii* var. *serratum* 春兰线叶变种)

云南等地产的豆瓣兰也都有水晶艺出现。

(7) 寒兰(*C. kanran*)

福建、云南和贵州产的寒兰水晶艺较为明显。四川近贵州处出产的寒兰也有水晶艺出现。

云南以及越南产的夏寒兰(*C. kanran* var. *aestivale*)出现较为明显的水晶艺。

(8) 丘北冬蕙兰（紫秀)(*C. qiubeiense*)

云南丘北等地产的丘北冬蕙兰及其素心品种都曾出现过水晶艺。值得一提的是，本种不仔细观看以为是寒兰，但稍留意，可以发现其花的形态介乎寒兰与建兰之间，虽然其花期与寒兰相近，但其叶细长，侧脉细长明显，叶柄紫红色，假球茎较少，叶片数也较寒兰少。

(9) 蕙兰（九华)(*C. faberi*)

各地产的蕙兰均有水晶艺，在湖北、云南和四川等地较常见。蕙兰的变种送春(*C. faberi* var. *szechuanicum*)在云南也曾出现过水晶艺。而另一变种峨眉春蕙(*C. faberi* var. *omeiense*)在峨眉山市也发现水晶艺兰。

(10) 虎头兰(*C. hookerianum*)

云南产的虎头兰水晶艺较为明显。

(11) 美花兰(*C. insigne*)

此花为大花蕙兰类的兰花原种，由于叶数较多，出现的水晶艺较为壮观。

(12) 兔耳兰(*C. lancifolium*)

云南产的兔耳兰中出现各种艺向的水晶兰。

此外，黄蝉兰(*C. iridioides*)、多花兰(*C. floribundum*)等兰属的种也有水晶艺出现。而非兰属的兰科植物如杏黄兜兰（金拖）(*Paphiopedilum armeuiacum*)、硬叶兜兰（银拖)(*P. mieranthum*)以及虾脊兰属（*Calanthe*）的种中也有出现水晶艺的现象。

2. 兰花水晶艺的植物学结构

在兰花的叶片上出现透明的组织是兰花较为普遍的现象。然而，这不是兰科植物所特有，我们常见的栽培花卉白斑叶子花（宝巾）(*Bougainvillea glabra* var. *variegata*)、花叶假连翘(*Duranta repens* cv. Variegata)、大红花（朱槿）(*Hibiscus rosa-sinensis*)等叶片上出现色斑及花纹的植物也有水晶艺出现。因此，可以这样认为，出现水晶，包括线艺现象是植物普遍存在的，无论是单子叶植物或是双子叶植物。因此，有必要在植物形态及解剖学方面做进一步的研究。其组织结构如两组连续切片，（见第一组连续切片图示，第二组连续切片图示），图中着色的为叶绿体，不着色的为水晶体。

植物体内的各类细胞在形状大小和功能方面有所差别。一般是由原生质体、细胞壁和液泡三部分组成。细胞壁是维持细胞形态的组织。原生质体包括了细胞质、细胞核、质体、线粒体和其他细胞器。细胞核的主要功能是控制植物的遗传性和调节细胞内物质的代谢途径。质体分为白色体、叶绿体和有色体。白色体是一种不含色素的质体，它形成最早，常存在于幼嫩或不见光的组织中，如种子幼胚、贮藏组织及所有器官的无色部分。有些白色体在细胞生长过程中能积累淀粉，有些白色体则参与油脂的形成。在光照条件下，白色体上能产生色素而转变成叶绿体和有色体。叶绿体的主要功能是进行光合作用，将光能转化为化学能，以维持其生命进程。叶绿体中含有叶绿素、胡萝卜素和叶黄素。叶绿素包括叶绿素 a 和叶绿素 b。有色体是含有胡萝卜素和叶黄素的质体。以上三种质体在生理机制和外界条件改变时可以转变，白色体见光后可以转变为叶绿体，叶绿体也可以转变为有色体，而叶片细胞的液泡里还含有花青素、类色素等。叶绿体的光合色素是将光能转变为化学能的重要物质。在叶绿体的色素中，主要是由叶绿素 a 起光合作用。而其他色素吸收的光能必须转移给叶绿素 a 才能起作用。

光合色素在兰花叶片的细胞中的比例不同，产生了千变万化的线艺兰。我们知道，叶绿素 a 呈蓝绿色，叶绿素 b 呈黄绿色，胡萝卜素呈橙黄色，叶黄素呈金黄色。由于叶片的细胞在分生过程中，这些色素减少或缺失，细胞中原来被叶绿体的色素所掩盖的白色体就会显现出来，白色体不能行制造养分的功能。白色体集中出现就会形成透明组织，即所谓的水晶组织。水晶组织的变化形式就是水晶艺。在叶绿素的含量不足的情况下，必须增加其数量或增大细胞受光面积。这是细胞逆境生理的正常反应，以便在有限的叶绿素的情况下，制造出满足细胞生理需要的养分以维持细胞的生存。因此，中国兰花出现了水晶艺后，叶片往往会产生变形，在叶片的中部出现就会形成皱折，使叶片面积增大。而水晶体出现在叶片外缘时，水晶体就会变得比叶片绿色部分大，产生各种形状的水晶艺向。

从这种结果可以看到，绝对没有色素的水晶体不会存在。这是因为细胞无法行光合作用而消亡。事实上，水晶体在叶片外缘容易干枯也是色素减少的原因。色素越少，水晶体就变得越薄，就越容易干枯。因此，我们栽培的水晶艺兰中，水晶体中多少存在一些叶绿素，只不过其比例不同，导致了青水晶到白水晶等一

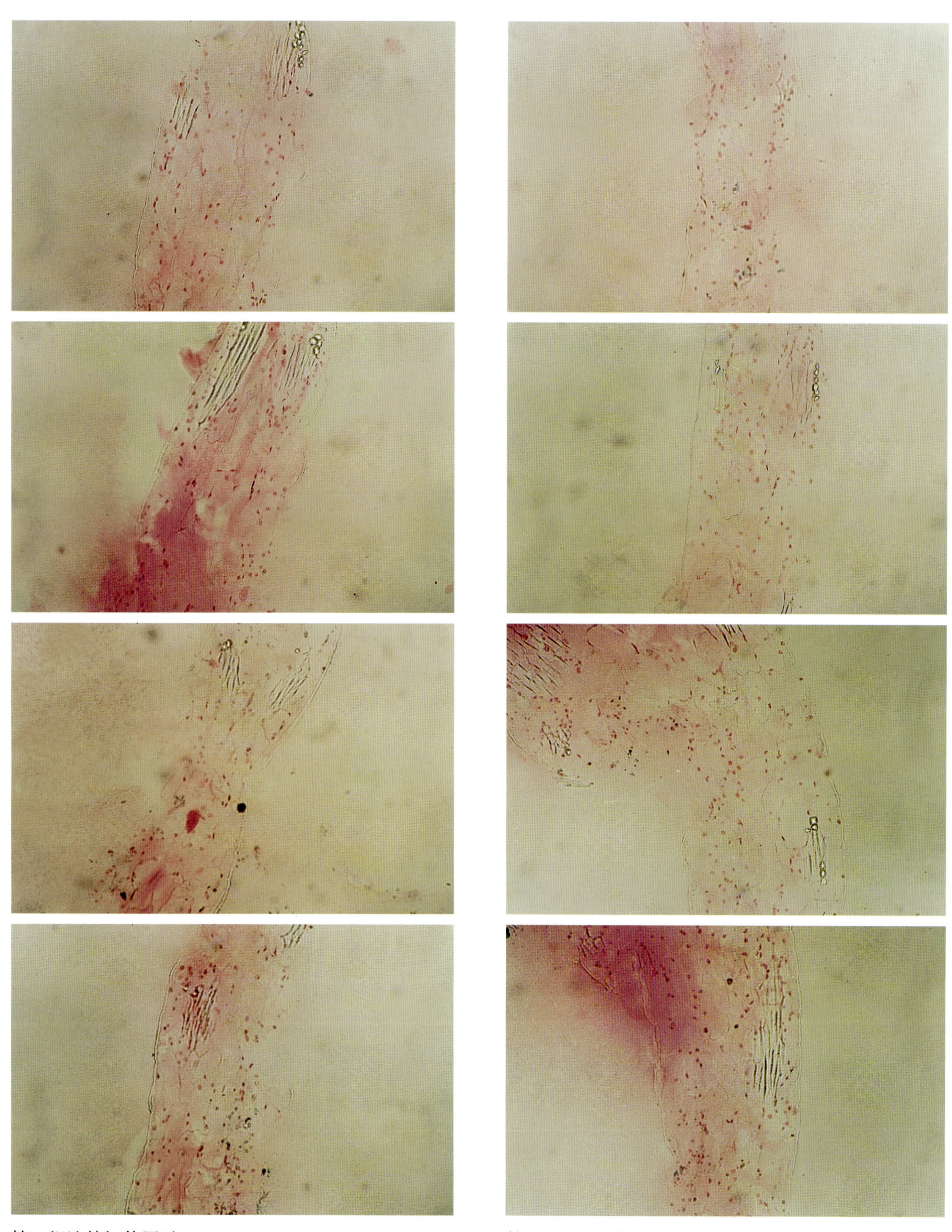

第一组连续切片图示

第二组连续切片图示

系列品种。

我们曾在《关于植物细胞全能性理论的修正》(《生态经济》1998.No.4)一文中谈到，中国兰花的植株细胞中不完全具有携带线艺或水晶艺的全能性。因此，在分生细胞中，细胞的色素含量有相当的差异，其携带的信息量不同以及细胞分生过程有些信息不能遗传,而另一些信息又得到加强就形成了水晶艺在一片叶子中存在的位置不一样。而线艺的形态以及分布也是基于这种原因。所以，用洋兰的细胞培养的方法人工培养出来的中国兰花线艺及水晶艺的兰花,其分生出来的小苗，其线艺及水晶艺的新个体差别很大，而且这些新个体的新芽的性状保持性也较差。

二、水晶艺兰形态的表现形式

水晶艺兰的存在由来已久，它是自然界客观存在的一种现象，有必要开展科学研究，以填补这方面的空白。

水晶艺兰是由于叶片细胞内色素的分布及含量的差异产生了白化体,含有可见的白化体（水晶体）的中国兰花为水晶艺兰；研究、鉴赏水晶艺兰的水晶体在中国兰花叶片中的存在形式或有目的地栽培水晶艺兰以期望产生新的水晶体的存在形式或表现形式为水晶兰艺术。

由于中国兰花植株的细胞中的色素的多寡决定线艺的存在形式,而色素的严重的缺失就会出现水晶艺。因此，可以这样来研究水晶艺的表现形式，基于线艺的存在形式，水晶艺应该与线艺的形式相一致或近似。为此，我们先从线艺的形式入手来研究水晶艺兰的形式。

1.线艺兰的艺向主要表现形式

爪艺：兰株叶子的叶尖部分出现像禽类的爪子形态的线艺。

中斑艺及中透艺：兰株叶片的主脉透亮，在副脉处，由叶基向叶尖伸出线条的艺性为中斑艺;而在中斑艺的基础上线条扩大只保留叶尖为绀帽的艺性为中透艺。

冠艺及鹤艺：在深爪艺的基础上，艺色向叶基方向深入，形成爪基宽厚的艺性为冠艺。而在深冠艺的艺色会出现转变的艺性为鹤艺。

覆轮艺：由冠艺或爪艺沿叶片两边缘进入到叶基部的艺性为覆轮艺。

爪斑缟艺：爪艺的艺线向叶基方向插入,至叶的中部甚至叶的基部的艺性为爪斑缟艺。

腐艺：此称呼是从日本音译过来，是“斑”的意思，腐艺是指中国兰花全叶出现了幼细斑纹。

扫尾艺：中国兰花叶尖部分出现腐艺的艺性为扫尾艺。

虎斑艺：在叶片中出现间断的色斑，如老虎毛色的艺性为虎斑艺。

以上只是对线艺兰的艺向作一个大概的分类。其实，在线艺兰中各种艺性经常会混合在一起，可能会在一株兰花中出现了多种艺向，或多种艺向在一株兰花中组成不同的艺向，变化出不同的艺向形式，若作进一步艺向分类将会产生各种艺向形式。然而，艺向之间有联系又可以相互转化，使得兰花线艺更加丰富多彩。

2. 水晶艺兰的艺向表现形式

水晶艺兰的由来已久，“斧头嘴”、“卷蛟龙”及大陆产的“言龙”在兰艺领域流通已有相当长的时间。而对其作深入研究或像线艺兰那样对其艺向作出分类只是近年的事。

最早为水晶艺兰作出分类并形成文字的是广州兰花研究会的谭福台先生。他认为，水晶艺是由水晶斑纹及缟线所组成，基本形式有水晶斑、水晶缟、水晶边和水晶嘴，有点类似线艺的分类。但从艺术形象化方面，他将水晶艺兰归纳为“龙”、“凤”和“虎”三种艺向。具体如下：

龙型水晶艺：此类型艺向定位是水晶体从叶基部向叶尖方向延伸，水晶缟、水晶中透缟、水晶边及水晶边缟属于这一类型。此类型主要是水晶缟线自下而上发展，使兰株叶片行龙起伏，虬蜷多姿如龙而故名。

凤型水晶艺：此类型艺向定位是水晶体由叶尖开始，呈“爪”形沿叶缘向叶片基部方向延伸，水晶嘴，水晶覆轮、水晶嘴缟和变形水晶嘴属于这一类型。这一类型的水晶体集中体现在兰株的叶尖，使其产生如凤凰之头部等各种形态，所以将此类型冠以凤型水晶艺。

虎型水晶艺：此类型艺向定位是水晶体在叶片的中部呈网状斑纹分布，特点主要是横向发展，横中有竖。竹节斑、珊瑚斑和天然图画斑等属于这一类型。由于其艺向有点近似线艺中的“虎斑”艺所以称之虎型水晶艺。

以上是谭福台先生的水晶兰艺的分类。另一个在水晶兰艺作开拓性工作的是四川成都的陈岱开、徐公明等先生。他们1997年9月在四川成都召开了中国水晶艺兰研讨会，系统地确立了水晶艺兰的艺术体系，为推动养兰业的发展，丰富兰文化的内涵注入新的活力。在此基础上，出版了《中国水晶兰》一书，图文并茂

地介绍了全国各地水晶艺兰。他们将水晶艺兰归纳为四大系列:

冠型水晶艺系列：此系列水晶艺兰的水晶体出现在叶尖部分，形成晶莹亮丽的华冠，所以叫水晶冠。这一系列包括了华盖型、龙凤型、锁匙型、灵兽型、圣僧型5种类型。

佩型水晶艺系列：此系列水晶艺兰的水晶体出现在兰株叶片的中部，以斑点为核心形成透明的斑驳图案，犹如女士佩戴的衣饰，并归纳为天然图画类型。这一系列包括星辉型、虎斑型、琥珀斑型、珊瑚斑型、天然图画型、芳径型等多种类型。

圭型水晶艺系列：此系列水晶艺兰的水晶体集中植株生长点的核心部位，具有玉润质感，故以圭玉称之。他们认为这类水晶艺以窄叶型兰种为多，是四川兰花的一大特色。这一系列包括冰心型(中透水晶)、瑞根型（基部段斑)、曙晖型（裤艺)、黛帽型（绀帽子)、大圭型（水晶缟） 5种类型。

殿型水晶艺系列：此系列水晶艺兰的水晶体表露在兰株叶片的大部分区域，似一座神奇的艺术殿堂，故以殿型水晶艺称之。他们认为此系列水晶艺是叶姿虬曲奇美、花艺双全的珍品。这系列包含了流宇型（如飞泉流淌)、锦波型（斑缟混合体)、阴阳界（片缟)、镶晶型（覆轮)、三桂才人（天地人和） 5种类型。

以上是四川成都的陈岱开、徐公明等先生对川兰中水晶艺兰的形式作了归类。至于台湾的游宪猛先生从矿物水晶的形态及人文含义入手，对时下流行的水晶艺兰作出了分类:

锥状水晶：水晶艺兰的水晶体类似矿物水晶的形状而作出归类。

斧头水晶：水晶艺兰的水晶体的外部形态像斧头而命名。

权杖水晶：水晶艺兰的水晶体的一大一小的结合体如古代权位的象征，喻意威严。

葫芦水晶：水晶艺兰的水晶体形似葫芦状。

鹅头水晶：水晶艺兰的水晶体形似鹅头，形神兼具。

实际上，台湾的曾楚云先生在《国兰水晶》一书中，也是根据水晶艺兰的水晶体外部形状作出归类。主要归纳为龙系品、虎系品及凤系品三种，并根据中国兰花水晶艺兰原有的植物学分类属性在以上三种品系的基础上分为细叶品、艺兰进化品，花艺兰进化水晶品以及水晶花艺品。

以上是目前兰艺界对水晶艺兰的分类状况，它们既有共同的地方也有所区别。

3. 线艺兰与水晶艺兰具有质与量的关系

线艺兰是兰株细胞的色素的变化并产生黄白线条在叶片中出现的结果。当线艺兰中的线艺部分的色素进一步减少，直至白化体的数量盖住了色素体所表现的颜色，这时所出现的艺性就会表现出水晶艺。其实，线艺兰与水晶艺兰具有质和量的关系。在线艺中的腐艺或“乌拉银”的艺性中具有非常多的断断续续的不含色素或透明的细小线条，而“大扫尾”的艺向中尤为明显。只不过这透明线条未能作进一步的发展或连结成片以形成水晶艺。同时，在这些艺性中，叶绿素等色素会随着兰株的成长得到加强，进一步压抑或盖掩了这些白化体。固定的线艺品种如“祥玉”就是从线艺兰的线艺体中出现水晶体的。而中透艺的“养老”中的第一片叶中的中透艺的近叶尖部分的金黄色线艺中的颜色减少，白化体增多而形成水晶艺的雏形。在水晶兰中也出现过水晶兰的艺性部分转化为线艺的例子。青水晶嘴与“金嘴”（金华山）的线艺未出现“后明”时是非常相似的，这就是一个例证。而有些水晶艺随着兰株的成长其水晶艺体中的叶绿素会逐渐增强或减少，较先前的水晶体的透明度降低或加强，这又有点类似线艺兰中的线艺“前明后暗”或“前暗后明”的艺性。但有一点区别比较大的是由于水晶体的艺性的存在会引起叶片生长不均衡，而使叶片生长出各种艺术变形，虽然线艺兰中也会有这种现象，如“养老之松”、“筑紫之松”等“松艺”的品种，就是在有色体之间夹入大量白色体而形成“松艺”使叶片起“龙”，产生皱折，但其程度远未达到使叶片产生变形的结果。同时，水晶体中的角质层变薄或缺乏，而线艺这种现象并不明显，这也是区别之一。

一般而言，兰株中缺乏叶绿素a和叶绿素b的艺性中，含有叶黄素和胡萝卜素等艺色的艺向为线艺兰，而缺乏或较少含叶黄素和胡萝卜素等的艺性为水晶艺兰。

4. 水晶艺兰应有植物形态学方面的归类

我们认为，从水晶艺兰的水晶体外部形态来看，将水晶艺兰归类为龙型水晶艺、凤型水晶艺和虎型水晶艺是比较恰当的，既形象又准确地对水晶艺兰作出描述，也几乎涵盖了水晶艺兰的外部形状的所有形式。在表达或称呼上在这些分类之前冠以品种的种名就可以了，如墨兰龙型水晶艺、四季兰凤型水晶艺，春兰虎型水晶艺等。这样对于兰界及有关从业人员也较易掌握，做到简单准确，如果要进一步往下分的话，就要称呼品种名了。其实，水晶艺兰的命名犹如给小孩起个名一样，仅作个记号而已，而在植物分类方面是没有地位的，因它与植物分类中的“品种”是两个不同的范畴，前者是记号及商业操作，后者具分类科学的含义。所以，水晶艺兰的品种命名也就随人所好五花八门。不过，水晶艺兰如果从其形态来考虑应该在植物学方面确立其分类地位，至少应在栽培的园艺品种予以肯定。

水晶艺兰从其外部形态作出归类后，应在植物形态学方面作出符合兰花艺术习惯的分类。我们认为，水晶艺兰与线艺兰具有同源以及互补的关系，应该参照线艺的归类对水晶艺兰作出分类。下面是我们的初步做法:

水晶冠艺：此类水晶艺兰的水晶体主要集中叶片的叶尖部分，具有线艺的爪艺、冠艺的特性，也是形态分类所对应的凤型水晶艺。

水晶中透艺：此类水晶艺兰的水晶体主要表现在叶片的中部及基部，具有线艺的中透艺、中斑艺的特征，与形态分类的龙型水晶艺相对应。

水晶覆轮艺：此类水晶艺兰的水晶体主要是表现在叶片的叶缘部分，具有线艺的覆轮艺的艺向特征。这些水晶体在很大的程度上包含有冠型水晶艺，并出现“海豚”或“鹅头”形状。

水晶冠斑缟艺：此类水晶艺兰的水晶体在水晶冠艺的基础上，水晶体继续朝叶片基部发展，甚至达到叶片基部。具有线艺爪斑缟的艺向特征。属于这一类的水晶艺兰既具有冠状的形态，又具有整体植株的形态表现，如“秀龙”。

水晶边缟艺：此类水晶艺兰的水晶体主要表现在兰株叶片外缘两侧，但在叶尖上不出现水晶冠艺或水晶体不封叶尖，甚至在叶缘表现相当短的距离，如“金锁匙”。

水晶斑纹艺：此类水晶艺兰的水晶体分散表现在兰株叶片的内部，相互间较少相连或不相连，成斑纹状分布，具有线艺虎斑艺向的特征。

以上是借鉴线艺的艺向分类形式，对水晶艺兰的水晶艺作出分类。其实，水晶艺像线艺一样处于进行或退化的过程，它们的艺向形式有可能相互交错，所以，这一分类的标准也不是绝对的。通过水晶艺兰的观察，线艺兰的艺向的表现形式，几乎可以在水晶艺兰中找到。比如水晶体像线艺的鹤艺或大冠艺，其外形就有点象“奇异水晶”的水晶艺向了。只不过线艺没有水晶艺那样将植株的叶片的形态都改变了。

其实，以上参照线艺兰的艺向的分类方法，在谭福台及徐公明诸先生的有关分类的方法中已经提到，尤其是谭福台先生的分类方法在将龙凤虎三大类型下，再进行植物形态学的分类看来较为准确。我们在这里，作为从植物形态学的理论出发，透过对中国兰花水晶艺这一现象的描述，以期对整个植物界的“水晶”现象作出进一步探讨。

三、水晶艺兰与传统四大艺兰的关系

水晶艺兰从传统的线艺、奇叶矮种、奇花以及奇色花的欣赏潮流中跃升为另类的欣赏主流，究竟它们之间有没有相互的联系或相关性，这是值得研究的问题。

1. 水晶艺兰与奇花艺兰的关系

从植物学的角度来看，“花是叶的变态”。根据这一理论，水晶艺兰的水晶体在叶片上的表现形态应该相对于花朵的花瓣。如春兰叶片上的线艺往往反映到花瓣上也具相同形式的线艺。而墨兰许多线艺品种的花朵的花瓣上也具线艺。但是，并不是每一个品种的叶片的艺向形式全都表现在花朵上。墨兰及四季兰的一些种就不具这一特性。对于水晶艺来说，其结果应该与线艺相一致。水晶艺兰开出具水晶艺的花朵已有不少的报道。笔者在四川的峨眉山市就看到过不少水晶艺兰开出水晶艺的花朵。但并不是每一水晶艺兰都开出具水晶艺的花。这是因为前面所提到，细胞内并不是所有的信息均得到遗传和表达，这也是对细胞全能性理论作出修正的原因。然而有一点可以肯定的是，奇花品种有机会进化出水晶艺。如广东的传统品种“企剑白墨”以及‘铁骨素心’就进化出不同形式的水晶艺。甚至台湾的“喜菊”这一多瓣多舌的奇花已进化出水晶艺，“华光蝶”也出现了水晶艺（如图 1）。这样可以看出奇花品种有可能进化水晶艺，正如奇花品种进化出线艺一样。而尚未开花的水晶艺兰也有可能开出各种各样的，包括多瓣多舌的奇花，四川省峨眉山市一株四季兰水晶冠艺就出了萼片为蝶化，花瓣雄蕊化且为荷瓣的亦蝶亦梅亦荷的多重艺性的奇花。这是因为水晶艺兰的艺向表现在叶片上，是由于细胞质的质体所决定，而开花的基因存在细胞核内，它们互相之间的存在没有矛盾。况且中国兰花的基因高度杂合，有可能存在的各种基因在一定条件下得到表达，因而就会出现水晶艺兰开奇花或奇花艺兰出水晶艺的现象。

2. 水晶艺兰与奇色花艺兰的关系

奇色花艺兰像以上讨论到的奇花艺兰一样，与水晶艺兰没有必然的联系，但又不是绝对的。水晶艺兰从线艺进化出来的就很有可能出现奇色花艺。如果“玉妃”、“皇妃”或“桃姬”等品种出现水晶艺，其花就会是奇色花艺。如果水晶艺兰新芽具有鲜艳的色素，就很有可能开出奇色花艺。这毕竟是遵循着“花是叶的变态”的植物学定律。有许多水晶艺兰有点像线艺兰的“大扫尾”的艺向，而“大扫尾”往往开出鲜红的奇色花。它们之间的存在并不矛盾。这两种基因有可能同时得到表达，只不过概率较少就是了。

3. 水晶艺兰与线艺兰的关系

水晶艺兰与线艺兰均是由细胞质中质体的数量变化所决定的。它们之间存在着质与量的关系，所以它们共同出现就比较容易了。如“达摩”水晶（如图2）、“万代福”水晶（如图3）、“祥玉”水晶（如图4）、“黑鸟嘴”水晶（如图5）等，它们既具线艺又具水晶艺。笔者就栽培了一株具冠艺线艺又具水晶中透艺的墨兰新品种。台湾栽培的“皱鼻”也是既具水晶艺又具线艺（如图6）的一个品种。因此，在水晶艺与线艺的表现上往往会共同存在，只不过是哪种艺向表现强势点就是了。其实，水晶艺中含有线艺的色素，而线艺中时而夹杂了一些透明的水晶线。但有一点是可以肯定的，它们在叶片上的出现，应是镶嵌或是互补的。也就是说不可能既出水晶冠艺又出线艺冠艺，它们之间只以不同艺向出现，如出水晶冠艺的，它可能只出中透线艺。而中透水晶艺，其叶片可能出爪艺、冠艺等，它们互相之间作出互补，因为它们毕竟同出一源。其中间类型就只好由栽培者决定其归类了。从艺兰欣赏内容的逐步深化来看，追求这种多重艺性的兰花艺术应成为时尚。

4. 水晶艺兰与矮种奇叶艺兰的关系

水晶艺兰的叶片本身就是奇叶形态。这里所说的是，奇叶艺兰是指不具水晶艺而自身千奇百态的品种。兰株出现水晶艺可以使叶片致畸而出现压力性因子的矮化，但当水晶艺兰得不到遗传时，压力因子解除，其矮化就不会受到抑制而恢复到原来的高大状态。所以说，矮种奇叶艺兰的兰株可以像出线艺一样出现水晶艺，如“达摩”就具有矮种、水晶及线艺等多种艺性。也就是说，矮种奇叶艺兰可以出水晶艺，而不是矮种的水晶兰不会出现真正意义的矮种。因此，要寻找矮种水晶艺兰，必须从具有矮种特征的品种中挑选。假若矮种奇叶艺兰出现水晶艺，或水晶艺在矮种奇叶艺兰的植株上得到表现，那它的欣赏价值就会进一步提高。

5. 水晶艺兰与线艺、奇花、色花及矮种奇叶艺兰的关系

既然水晶兰可以开出奇花、奇色花，奇花艺兰、奇色花艺兰又可以在叶片上出现水晶艺；矮种奇叶艺兰又可以开出奇花、奇色花，叶片上又可以出现线艺，水晶艺又可以与线艺同时出现，可以想象一下这样的一株兰花：它本身是形状标准的矮种，其叶片上出现漂亮的线艺，叶尖上出现亮丽的水晶冠，开出多瓣多舌或其他类型的奇花，而奇花又具迷人的色彩，花瓣上具有水晶艺，这真是艺兰中的极品了。当然，这是一种理想推测，最少在目前尚未有出现过，但这不是不可

能的，至少它们之间已有最少的二种组合或三种组合，只是程度不同而已了。我们朝这目标去追寻，一定会真的出现。

四、水晶艺表型与病毒病症的区别

水晶艺是由中国兰花细胞的白色质体在细胞分生过程中受到抑制不再向有色质体转变而形成的。而病毒侵染兰株细胞破坏了叶绿体或其他有色体，并造成细胞逐步干枯坏死而形成斑驳。这些斑驳与水晶体的斑纹有着明显的区别。

图 1 “华光蝶”出现了水晶艺（引自曾楚云著《国兰水晶》）

图 2　“达摩”既是矮种、线艺又是水晶艺的多重艺性品种（引自曾楚云著《国兰水晶》）

图 3 “万代福”在亮丽的线艺的基础上进化出水晶艺（引自曾楚云著《国兰水晶》）

图 4 “祥玉”现在既是线艺品又是水晶艺新品（引自曾楚云著《国兰水晶》）

图 5 “黑乌嘴”原是“奇花”“线艺”品种现又出现了水晶艺（引自曾楚云著《国兰水晶》）

图 6 “皱鼻”进化成既具水晶艺又具线艺的品种（引自《世界兰蕙博览》图片）

首先，水晶艺是兰株的生理过程产生的一种自身反应，并在成长过程作出调整以适应环境，其产生的过程是非病因性，而且不存在病原物。病毒病的斑驳是由病毒入侵后产生的，是病因性的斑驳。其病原物就是病毒颗粒。病毒侵染兰株后还会释放毒素，毒害兰株细胞。

其次，水晶艺的水晶体在兰株叶片中有增大的现象。水晶体在外观晶莹饱满、透亮，这是因为白色体吸聚油脂和淀粉所致。而病毒斑驳干凹，失绿，有黄化及干枯的现象，或斑中泛白，没有通透润泽的感觉。

再次，水晶体的边界与叶片的组织相互浸润。而病毒斑有可能使边界的叶片组织加绿或变黄。水晶体在叶片组织中不会产生以一个点为中心的环纹。而病毒斑会以一个点为中心产生黄化或坏死黑化的环纹斑。不要以为这些环纹斑就是“山水图”，这些症状是病毒病所特有的。

另外，水晶体产生的斑纹不会传染，而病毒病是会接触传染的。这也是要分清楚水晶艺与病毒斑驳的主要原因，以免殃及其他健康的兰株。所以，在选购虎型水晶艺兰时要特别注意这一点。

五、水晶艺表型与生理性症状的区别

水晶艺的产生是由细胞内质体产生变化所致的。而生理病害有可能是兰株缺乏某一些微量元素或受到不适的环境所致。生理病害是系统性出现的，其可能出现黄化、缺绿的斑驳，但其透明度不够，其组织内有色质粒处于多数状态，多少具有黄化或其他的色素。

由于兰株新芽的细胞的白色体尚未向有色体转化，其组织结构透明，使新芽的叶裤看起来似出水晶艺。其实，待新芽逐渐成长，这些透明组织就不会透明，当新叶长出时就一目了然，当然那是太迟了。所以在挑选兰花实生苗或以新芽为依据追求水晶艺的话尤需谨慎。特别是具扫尾艺的兰株的新芽更是迷惑人，一定要看清楚其水晶性状是否明显，含糊不清就值得三思而行。

六、水晶艺的遗传性

水晶艺表现在兰株上，按照植物学的原理，兰株行无性繁殖，应该是得到遗传的。特别是在一些叶片表现对称的，如冠艺水晶，中透艺水晶得到遗传的概率比较大，一般来说，多少不会相差太远。而一些在叶缘表现出性状的，特别其水晶体不对称，其性状的遗传就会出现一些偏差。而一些水晶体并不明显，抑或其水晶体较小的就可能得不到遗传。并且水晶体在每一叶片上所表现的情况均不一样。通常第一片叶水晶体较明显，以后逐渐递减，甚至有些叶片没有。但是也有相反的情况出现，这主要表现在冠状覆轮的水晶艺上。由于水晶体的性状来自于细胞质的质体上，那么，在遗传上有可能是由细胞质遗传的，因而在遗传上容易丢失一些信息。况且，细胞的遗传并不是全能性的，那么其信息丢失的机会就会更大了。一般来说，健壮的植株，由于细胞质的质体成熟，水晶艺遗传性较好。较弱植株或老假球茎所发的芽的水晶艺遗传较差。这其中也有营养生长的原因，待其新芽生长健壮时，其下一代的水晶艺会得到加强。

七、水晶艺兰的栽培

水晶艺兰的栽培，已有许多资料作了较全面的介绍。其实，水晶艺兰栽培所需的条件，与其他一般的中国兰花栽培条件基本相同，但有几点值得注意:

1. 要求稍荫的生境

因为水晶艺兰的水晶体部分的色素体减少，对光能的利用较其他部分低，体温容易升高较易灼伤水晶体部分，故要求稍荫的生境。

2. 要求稍暖的生境

因为水晶艺兰的纤维组织较少，表面保护层较薄或角质层缺失。尤其是冠艺水晶容易冻伤，所以在寒冷的冬天要注意防寒。

3. 要求稍为延长光照时间

因为水晶艺的叶绿素较少，其自营养分就相对缺乏，延长光照有利于光合作用，以满足其水晶体的生理需要。

4. 要求稍湿的栽培环境

水晶体的表层保护组织较脆弱，易受高温、低温的影响，增加湿度既可恒定气温，又可防止水晶体的水分过量蒸发，以免水晶体受到环境因素的伤害。

5. 控制病虫害

由于水晶艺兰在结构上缺乏角质层，对环境的缓冲能力较差，病原菌容易侵染，所以，要制订好防治病害的防治计划和实施方案。另外，虫害也较喜欢刺食水晶艺兰。做好虫害的防治，既可以防止病毒病的传播，又可以防止咀嚼式昆虫或蜗牛嚼食水晶体。

6. 控制肥料的施用

要维护完整或亮丽的水晶艺，有必要从生理方面控制细胞内的白色体向有色体转化，特别控制其转为叶绿体。根据这个原理，凡是利于叶绿素生成的肥料要尽量少施或不施。如氮元素就应该少施，这是因为氮元素是构成叶绿素的主要元素。一些微量元素也应审慎地使用。施肥的浓度也应淡施薄施，防止养分过多积聚在水晶体体内。

7. 不同兰种的水晶艺兰要分开栽培

根据中国兰花种间对生境需求的不同，其栽培条件应有所侧重。如春兰、寒兰、蕙兰（九华）的水晶艺兰与墨兰、四季兰（建兰）要求温度、水分是有所区别的。前者要求比后者稍为低温，较为干燥一些的栽培条件。有条件的兰花栽植场所，应适当分开栽培。在水分控制方面也应根据不同兰花品种对水分需求的不同而有所不同。

8. 水晶艺兰萌芽期的管理

应比其他营养生长期的水分要充足些、湿度要高一些。这主要是防止叶裤具水晶艺部分干枯而沾连在一起，使叶片无法伸出，影响新芽出叶。

八、理论探讨

关于植物细胞全能性理论的修正

摘要 本文就中国兰花遗传性状的结果观察，证明植物细胞可以携带形成新个体的信息，但不能包含母株的全部性状信息，甚至在一些遗传因子的表达上相距甚远，从而对植物细胞全能性理论作出修正。这一理论对兰花细胞组织培养具有指导性意义。

植物细胞学说认为：植物的分生组织细胞，包含母体的全部遗传信息，因而，一个细胞可以生成母株一样的新个体，即植物细胞具有全能性。这就是现代生物工程之一，细胞组织培养大量繁殖新一代的理论基础。但这一理论在中国兰花的细胞组织培养方面，遇到了一定的困难，植株细胞只可以产生新的个体，但所需要的母株的优良性状，在新的个体中无法表达，其结果往往走向“极端”，偏离了培养要求。我们通过对兰花繁殖的观察，对这一问题提出了解释。

1. 中国兰花的艺向现象观察

这里所指的中国兰花是墨兰、四季兰、寒兰和春兰及其一些变种。这些中国兰花的叶片出现一些带有黄色或白色的线条或斑块，这些线条或斑块，在中国兰花文化里面成了欣赏者追求的欣赏热点。这些线条或斑块的出现原因，众说纷纭，但有比较一致的意见就是，由于兰花细胞里面含有叶绿体及叶黄体或称为“白子”，由于这些质体比例的变化或显现就会出现“兰艺”。

但是，中国兰花的线艺从开始出现就会有不平衡的现象，即是每一片叶子出现“线艺”均不一样，充满着“变化”：有时会出现青叶品，有些会出“高艺”甚至是“极艺”（如图7、图8）。特别有趣的是，在一片叶子中，在中脉两侧的叶艺也不一样。在这些中脉两侧叶艺不一样的兰株里，若新芽在有艺一侧萌发，则会出现“全艺”，即整枝新芽全为艺色，不含或少含叶绿体，成了“幽灵芽”，未长成株就会夭折；而在无艺侧里萌发新芽则新芽出现了青叶品，毫无线艺，线艺就会不再出现。这就可以看出同一植物体的细胞内所含的新个体信息均不一样，即在原始的分生细胞里没有完全含有母体的全部信息。因此可以认为，分生细胞可能具有长成新个体的能力，而没有携带母体的所有信息。

2. 中国兰花的细胞培养现象

中国兰花的细胞培养产生大量幼苗的报道已有许多。但结果只是能产生新个体而已。对于艺兰的分生细胞培养，产生具有体现原有母体欣赏价值的新个体的报道就似乎没有看到。根据一些实验，由于培养取材部位不同，要么就会培育出“幽灵芽”，要么就会培育出“青叶品”。“青叶品”不具欣赏价值，而“幽灵芽”不具有行制造养分的能力而“枯萎”。这也是中国兰花的分生细胞里所含的信息有相当大的差别的缘故。在切取样品作培养时，若切到具“艺”的细胞就会长成“幽灵芽”，切到不具“艺”的细胞则会培养成“青叶品”，因而达不到培养的目的。既要切到具有“青叶”又具“艺”的细胞是相当困难的，其概率几乎为零。这就说明，同一植株的细胞其信息量均不一致。

3. 国兰现象的分析和讨论

中国兰花是单子叶植物里的一个庞大家族。以其显性性状来看，每萌发一个新芽，多少都产生变化，这是否是遗传与变异的问题呢？按植物遗传与变异的理论，这种变化会遵循从量变到质变这一规律。而中国兰花的水晶艺兰则充满着突变，这种“突变”反而成了“正常”，这显然有违遗传与变异的理论。观察结果就充分证明这一点（黄金间碧竹及棕竹等植物也具有同样结果）。惟一可以解释的是，中国兰花的每一个细胞其信息量不一样，不包含母株的全部遗传的密码。因此，植物细胞的全能性在中国兰花里不具有完全有效性。当然，这样的分生细胞不具有全能性，但具有一定（只有“一定”）生长新个体的能力。所以，植物细胞具有全能性的理论应该作出修正。我们认为：植物细胞具有一定生成新个体的信息量，但不具全部信息量，或者说，植物细胞具有长成新个体能力，未必具有全能性。至少兰花等单子叶植物具有这一特性。从新个体的“幽灵芽”到“青叶品”在遗传表达上相距甚远，就可以说明这一点。

值得考虑的一点是，主要遗传物质DNA在活体内具有半保存半复制能力。如果是这样，“艺兰”应该得到遗传，但事实不是这样，因而DNA复制假设就值得怀疑了。或者存在另一种不是“双链”的复制方式就值得研究了。

有人认为：“艺兰”是变异的结果，但我们认为并不全面，出现这种现象是兰株的细胞里所含信息量不一样，因而在分生细胞受到“开启”产生新芽时，受命的细胞具有的信息量可能得到表达，但在细胞分裂时，母细胞的信息及遗传因子，不是全部转录到下一代的细胞里，可能一部分得到加强，另一部分受到削弱，因而，在同样的兰叶上或在同一片的叶子上，出现的性状不一样，所以说，并不是遗传与变异的问题，而是细胞的一种特性罢了。

正因为这样，我们在对“艺兰”进行分生细胞组织培养时，要得到成功，并不是归功于培养基。培养基不具有决定作用，决定作用的是所取的“材料”。而“材料”又是这么富有变化，似乎难以琢磨。因此，在对中国艺兰进行细胞繁殖时，就必须具有足够的思想准备，培养成功是靠切取材料时的“运气”，而这种运气不是时时存在的。当然，若研究到能分辨每一个细胞的遗传信息，根据需要可以“挑拣”细胞出来培养的话，那就另当别论。至少在此之前，不应存在幻想。

图 7　叶面的线艺性状每个分蘖均不同

图 8　叶面的线艺性状均不一样

On Revision of all-Capability of Plant's Cells Theory

Abstract : It has been proved that cells of plant can carry and form the new individual gene of the original plant, but not all the hereditary gene of it. And so far as to be far away from the expression of some hereditary factors, according to observation of hereditary feature of orchid. As a result, All-Capability of Plant's Cells Theory is revised. It will be constructive to culture cells and tissue of orchid.

It is believed by cell cytology of plant that plant's cells of generating tissue includes all the hereditary gene of the original plant. So a cell can grow up into a new individual just like its original plant. It is called all-capability of plant's cells which is one of modern biotechnology theoretical basis of breeding new generation by cells and tissue culture. But when conducting an observation of orchid breeding, we found that this theory faces difficulty in cell and tissue culture of orchid, because the cells of plant only grow up into new individual without the required advanced feature of original plant. As a result, it drive to extremes and deviate from what we need. Therefore, we give the following explanation.

1. The phenomenon colouring line of Chinese orchid

Chinese orchids what we mean are *Cymbidium sinense,C.ensifolium,C.kanran,C.goeringii* and their mutation species. In these leaves of Chinese orchid, many Chinese orchid lovers appreciate some yellow or white lines/spots embodying the culture of Chinese orchid. But why these lines and spots turn up is still discussed by so many people. All agreed that art orchid (colouring line on the leaves) will appear in the proportion to chloroplast and xanthophylls which is called albino in the cells of orchid. But from the beginning, colouring line of Chinese orchid is out of balance. In other words, colouring line of every leaf vary from one to another: sometimes non colouring appear, sometimes heavy colouring and even albino leaves (fig.7, fig.8). In the two side of a leaf, the most interesting to us, different colouring line are there. If new bud is sprouted in the side which contain colouring line, albino leaves will appear. Then the new bud of entire branch will be the same color and become albino bud without chloroplast or only little in it. And it will be dead before it grows up to be a plant. Green leaves without colouring line will turn up in the new bud of the side without colouring line. And colouring line will not appear any longer. It is easy to distinguish difference of new individual gene information in cells of the same plant and it means no entire gene information of original plant in original generating cell. Consequently, generating cell have such ability to grow up into a new individual but they don't carry all the genes of original plant.

2. The phenomenon of cells culture in Chinese orchid

Many reports have been published about plant bred by cell culture; nevertheless only new individual can be bred by cells culture. As to colouring line orchids cultured by generating cell, reports about new individual containing original appreciation value of original plant have not been seen. According to some experiments either albino plant or green leaf plant will appear when different site is selected to culture. Green leaf plant isn't worth appreciating while albino plant will be dead soon because it lack of ability to self-produce nutrient. Thus so many different gene information in the generating cell in Chinese orchid lead to different result of cells culture. When samples are cut to be cultured, cells with colouring will grow into albino bud, and cells without colouring will grow into green plant. However, it doesn't satisfy with the purpose of culture. But it is rather difficult to have cells with both green leaf and colouring when cutting. This is almost impossible. In conclusion, that gene information of cells in the same plant is not same has been testified.

3.Analysis and discussion about the phenomenon in Chinese orchid

Chinese orchid is a large family of single-cotyledon plant. In view of dominant feature, some changes will take place when new bud was sprouted and we doubt if it relates to the problem of heredity and variation. According to the theory of heredity and variation, the changes will follow the laws from quantity to quality. However, mutation is common in colouring line orchid of Chinese orchid which can be considered to be normal. Obviously, this has violated the theory of heredity and variation. And it can be completely proved by observation. (*Bambusa vulgaris* var. *vittata,Rhapis excelsa* etc. have the same results.) The only one explanation to Chinese orchid is that different information is in one cell, not including all the hereditary code of original plant. So in regard to Chinese orchid all-capability of plant's cells are not completely effective. Of course, generating cell don't have all-capability, but they have certain (only) ability to grow up to be a new individual. Consequently, revision should be made to all-capability of plant's cells theory. What we believe is these cells of plant have some gene information, but not all, to bulid up a new individual. In other words, the cells of plant have ability to grow up into a new individual, but it doesn't mean they have all-capability. At least, single-cotyledon plants such as orchid have the characters. That hereditary expression is different in the new individual albino bud and green leaf bud can be proven.

There is still one point we should consider. In the living body the main genetic substance DNA can semi-preserve and semi-copy. If it is really true, colouring line orchids can be heritable by itself. Unfortunately, it can't be. So supposition that DNA can be copied by itself is unbelievable or maybe there is possibility that another way of copy exists except two-chain copy. But this imagination will be under research.

Some people think variation contribute to colouring line orchids. But what we think what has happened to colouring line orchids just because different gene information in plant's cells. Therefore, when generating cell begin to spout new bud, the cells with gene information can be expressed. But when cell division, not all the gene information and the hereditary factor will transfer to next generation. Some can be strengthened and some can be weakened which will lead to different feature in the leaves of same plant or in the same leaf. So we can say now, this is a property of cell, not a problem of heredity and variation.

Not culture medium, but the material what we selected contribute a lot to successful culture of cell in generating tissue. And the material is changeable and can not be distinguishable. Therefore, we must get ready for the failure when culturing Chinese colouring line orchids by cell breeding. Successful cultures depend on luck which help to select right materials. But luck is not always go with us. Before we can distinguish heredity information of every cell and pick out what we need, don't cherish any illusions.

水晶名品鉴赏

金满水晶

摩萨水晶

栽培者　郑福楠
　　　　黄锦堂

摩萨水晶

栽培者　郑福楠
黄锦堂

逐波海豚

栽培者　胡松华

金满水晶

栽培者　邹振名
温福岳
刘仲健

奇珍水晶

栽培者　叶兆均

异宝水晶

栽培者　叶兆均

安发水晶

栽培者　大陆兰村

万福水晶

栽培者　陈少敏
徐秀东
温福岳
刘仲健

万祺水晶

栽培者　温福岳

福泰水晶

栽培者　大陆兰村

鹰嘴水晶

栽培者　陈秋生

天鹰水晶

栽培者　陈秋生

祥玉水晶

栽培者　林文一

富民水晶

栽培者　刘仲健

林仲贤

富豪水晶

栽培者　梁汇钊
潘润成
徐秀东
刘仲健

富民水晶

栽培者　林仲贤
刘仲健

金凤水晶

栽培者　徐秀东
温福岳
陈少敏
刘仲健
王高潮
温艺明

新发水晶

栽培者　徐秀东
温福岳
江叶德

仙鹤水晶

栽培者　郑学崇

栽培者周末进入山区兰产地，适逢采兰山民杨仙鹤采兰归来，他喜报采得一“白兰”，为保护好“白兰”起见，他连种子根及山土一起挖回来。经观看，果然是兰中珍品：墨兰水晶嘴。只见该株“白兰”高2cm，土面上3片叶裤紧紧相抱，裤边水晶雪白晶莹，但未起叶。经栽培者购回家精心培养，一个月后长出第四片叶裤，45天后长出叶片，因惊喜该兰水晶艺高雅亮丽，故取名“仙鹤”以志。

南阳水晶

本品叶肥厚，斜立叶，水晶嘴雪白，并进化成缟线水晶冠。

栽培者　郑学崇

春燕水晶

栽培者　郑学崇

　　　　秦文松

本品产于贵州，春兰水晶，叶尖水晶嘴雪白亮丽，叶片矮短，叶姿厚实。

白猫水晶

栽培者　杜俊辉
郑学崇

本品产广东普宁，叶质厚润，叶尾起兜成鹅头，水晶体雪白明亮。

珠峰水晶

栽培者　郑学崇　杜俊辉

本品为新下山（1998年9月）墨兰水晶嘴，株型立叶矮壮，叶质肥厚，叶沟深，叶裤短圆，水晶体集中在尾部达5mm之多，实为新品水晶中的珍品。

滇玉水晶

栽培者 潘润成
冼仲权
孙广祥
徐秀东

凌月水晶

栽培者　大陆兰村

金凤水晶

栽培者　徐秀东　温福岳
陈少敏　刘仲健
王高潮　温艺明

富源水晶

栽培者　王高潮　徐秀东
　　　　温艺明　刘仲健
　　　　陈少敏　温福岳

富源水晶

栽培者　王高潮　徐秀东
温艺明　刘仲健
陈少敏　温福岳

达发水晶

栽培者　王高潮

银鹏水晶

栽培者　大陆兰村

凌月水晶

栽培者　大陆兰村

丽　龙

栽培者　大陆兰村

富民水晶

栽培者　刘仲健
　　　　林仲贤

凌月水晶

栽培者　大陆兰村

富豪水晶

栽培者　大陆兰村

富豪水晶

栽培者　大陆兰村

金满水晶

栽培者　大陆兰村

康乐水晶

栽培者　刘仲健
陈少敏

兴旺水晶

栽培者　大陆兰村

富豪水晶

栽培者　梁汇钊
潘润成
徐秀东
刘仲健

新发水晶

栽培者　徐秀东
温福岳
江叶德

万福水晶

栽培者 陈少敏
徐秀东
温福岳
刘仲健

达发水晶

栽培者　温福岳
王高潮
徐秀东

戏鹅水晶

栽培者　大陆兰村

康达水晶

栽培者　大陆兰村

康乐水晶

栽培者　刘仲健
陈少敏

兴旺水晶

栽培者　大陆兰村

金玉水晶

栽培者　大陆兰村

银匀水晶

栽培者　大陆兰村

富泰水晶

栽培者　大陆兰村

金凤水晶

栽培者　徐秀东　温福岳
　　　　陈少敏　刘仲健
　　　　王高潮　温艺明

奇花水晶

栽培者　王高潮
　　　　徐秀东
　　　　温福岳
　　　　陈少敏
　　　　刘仲健

富豪水晶

栽培者　大陆兰村

金博水晶

栽培者　大陆兰村

新桂水晶

栽培者　温福岳

寿星水晶

栽培者　徐秀东 陈秋生

奇花水晶

栽培者　王高潮
　　　　徐秀东
　　　　温福岳
　　　　陈少敏
　　　　刘仲健

宇　龙

栽培者　大陆兰村

云华水晶

栽培者　大陆兰村

银鹏水晶

栽培者　大陆兰村

金地水晶

栽培者　陈少敏

多福水晶

栽培者　刘达雄

阳光水晶

栽培者　陈少敏　刘仲健

观音水晶

栽培者　刘达雄

帝王水晶

栽培者　陈少敏
刘仲健
游宪猛

钻石水晶

命名者　陈少敏

栽培者　游宪猛
陈少敏
杨石磷
刘仲健

栽培者 陈少敏
游宪猛
杨石磷
刘仲健

钻石水晶

命名者 陈少敏

乐梅水晶

栽培者　大陆兰村

富华水晶

栽培者　陈少敏

蜜蜂水晶

栽培者　大陆兰村

富利水晶

栽培者　陈少敏
罗石平
刘仲健

金磊水晶

栽培者　陈少敏

安泰水晶

栽培者　陈少敏

富都水晶

栽培者　陈少敏
　　　　刘仲健
　　　　游宪猛

玉兔水晶

栽培者　陈少敏
刘仲健

银星水晶

栽培者　陈少敏

宝　龙

栽培者　陈少敏
　　　　刘仲健

金星水晶

栽培者　陈少敏
朱楚煌
刘仲健

新艺水晶

栽培者　陈少敏

开元水晶

栽培者　陈少敏

奇美水晶

栽培者　陈少敏

万华水晶

栽培者　陈少敏
刘仲健

金碧水晶

栽培者　陈少敏
　　　　杨石磷
　　　　刘仲健

凤冠水晶

栽培者　陈少敏

华祥水晶

栽培者　陈少敏

天丽水晶

栽培者　陈少敏

金运水晶

栽培者　陈少敏

福星水晶

栽培者　陈少敏

天乐水晶

栽培者　陈少敏

奇怪水晶

栽培者　陈少敏　刘仲健　杨秀德　罗石平

翡翠水晶

栽培者　陈少敏　杨石磷　何陆壹　游宪猛　刘仲健

天娇水晶

栽培者　陈少敏

状元水晶

栽培者　陈少敏
　　　　杨石磷
　　　　刘仲健

尊龙水晶

栽培者　陈少敏
游宪猛
刘仲健

宏　龙

栽培者　陈少敏

东方龙

栽培者　陈少敏
刘仲健

江南水晶

栽培者　陈少敏
　　　　刘仲健

瑞　龙

栽培者　陈少敏

顺风水晶

栽培者　陈少敏

奇星水晶

栽培者　陈少敏

超　龙

栽培者　陈少敏
　　　　刘仲健

长荣水晶

栽培者　陈少敏

玉梅水晶

栽培者　薛良棋

玉梅水晶之花

奇叶水晶

栽培者　陈少敏
刘仲健

万盛水晶

栽培者　陈少敏

晓雪水晶

栽培者　陈少敏

雪　龙

栽培者　陈少敏

剑 龙

栽培者　陈少敏

丰 龙

栽培者　陈少敏

华金水晶

栽培者　陈少敏

中 龙

栽培者　陈少敏

华金水晶

栽培者　陈少敏

禅意水晶

栽培者　陈少敏

青云水晶

栽培者　陈少敏

华 龙

栽培者　陈少敏

春 龙

栽培者 陈少敏

尊 龙

栽培者 陈少敏

玉树水晶

栽培者 陈少敏
刘仲健

得意水晶

栽培者 陈少敏

冠　龙

栽培者　陈少敏

帝王水晶

栽培者　陈少敏

华星水晶

栽培者　陈少敏

芙蓉水晶

栽培者　陈少敏
刘仲健

华鹤水晶

栽培者　陈少敏

奇叶水晶

栽培者　陈少敏
刘仲健
曾秋泉

新丽水晶

栽培者　陈少敏
刘小鋆
刘仲健

火炬水晶

栽培者　陈少敏
何陆壹
刘仲健
刘小鋆

鹅头水晶

栽培者　陈少敏
刘仲健

钻石水晶

命名者　陈少敏
　　　　游宪猛

栽培者　陈少敏
　　　　杨石磷
　　　　游宪猛
　　　　刘仲健

栽培者　游宪猛
陈少敏
何陆壹
杨石磷
刘仲健

翡翠水晶

命名者　游宪猛

吉祥水晶

栽培者　陈少敏
　　　　刘仲健

红花水晶

栽培者　陈少敏
刘仲健

观音素水晶

栽培者　陈少敏
　　　　刘仲健

红 龙

栽培者　陈少敏　刘仲健
黄秀球　游宪猛

鹅头水晶

栽培者　陈少敏
　　　　刘仲健

华威水晶

栽培者　陈少敏
刘小鋆
刘仲健

铁骨素水晶

栽培者　游宪猛
　　　　陈少敏
　　　　刘仲健

观音素水晶

栽培者　陈少敏
刘仲健

金满水晶

栽培者　邹振名
温福岳
刘仲健

金虎水晶

栽培者　陈少敏
刘仲健

华珠水晶

栽培者　陈少敏
　　　　刘仲健

冠 龙

栽培者 陈少敏
刘仲健

龙富水晶

栽培者　陈少敏
　　　　刘仲健

凤来朝

栽培者　陈少敏　刘仲健
游宪猛　刘小鎏

集美水晶
栽培者　陈少敏
刘仲健

华富水晶

栽培者　陈少敏
陈荣辉
刘仲健

华凤水晶

栽培者　陈少敏
刘仲健

华丰水晶

栽培者　刘仲健
　　　　陈少敏

万顺水晶

栽培者　陈少敏
刘仲健

金马水晶

栽培者　陈少敏
　　　　刘仲健

狮头水晶

栽培者　陈少敏
刘小鋆
杨石磷

金威水晶

栽培者　陈少敏

华安水晶

栽培者　陈少敏

兴隆水晶

栽培者　游宪猛
　　　　陈少敏
　　　　刘仲健

狮头水晶

栽培者　陈少敏
刘仲健
刘小鋆
杨石磷

鹰嘴水晶

栽培者　陈少敏　吴承武
　　　　刘仲健　刘小鋈

川　龙

栽培者　陈少敏
刘仲健

状元水晶

栽培者　陈少敏
　　　　杨石磷
　　　　刘仲健

栽培者 陈少敏 游宪猛
何陆壹 杨石磷
刘仲健 罗石平

翡翠水晶

命名者：游宪猛

弘福水晶

栽培者　梁汇钊
　　　　潘润成

天歌水晶

栽培者　梁汇钊
　　　　潘润成

祥玉水晶

栽培者　汤清喜

新晋水晶

栽培者　梁汇钊

　　　　潘润成

望月水晶

栽培者　梁汇钊
潘润成

新桂水晶

栽培者　温福岳

平安水晶

栽培者　梁汇钊
潘润成

万代水晶

栽培者　汤清喜

林权法

瑞云水晶

栽培者　梁汇钊
潘润成

明月水晶

栽培者　梁汇钊
　　　　潘润成

珍荷水晶

栽培者　大陆兰村

游龙戏凤

栽培者　林盈竹
　　　　汤清喜

新品水晶

栽培者　汤清喜

四季水晶

栽培者　汤清喜

秀龙水晶

栽培者　梁汇钊
潘润成
徐秀东

幸福水晶

栽培者　廖秀梅

水晶香蝶

栽培者　傅学辉

特征：新芽有香味，水晶艺叶缘火烧线，中矮叶三舌瓣，副瓣带蝶裙。

皇淳水晶

栽培者　钟庆富

祥玉水晶

栽培者　罗德光

祥龙水晶

栽培者　叶俊男
　　　　叶添财

鸡冠水晶

栽培者　汤清喜

百福水晶

栽培者　梁汇钊
　　　　徐秀东

金海水晶

栽培者　梁汇钊
　　　　潘润成

双乐水晶

栽培者　梁汇钊
潘润成

幸福水晶

栽培者　张焕意

鸿运水晶

栽培者 梁汇钊

华光蝶水晶

栽培者　詹昆丰

富豪水晶

栽培者　梁汇钊
潘润成
徐秀东

明月水晶

栽培者　梁汇钊
潘润成

百灵水晶

栽培者　大陆兰村

富豪水晶

栽培者　梁汇钊
徐秀东
潘润成

威虎水晶

栽培者　梁汇钊
　　　　潘润成

贵泉水晶

栽培者　杨有伦

徐公明

宝泉水晶

栽培者　杨有伦

金泉水晶

栽培者　杨有伦

宏　龙

栽培者　杨有伦

万顺水晶

栽培者　杨有伦

永和水晶

栽培者　宋礼伟

兴旺水晶

栽培者　杨有伦
　　　　徐公明

永和水晶

栽培者　宋礼伟

兴旺水晶

栽培者　杨有伦
徐公明

银盏水晶

栽培者　杨有伦

万祥水晶

栽培者　杨有伦

百合水晶

栽培者　杨有伦

玉戟水晶

栽培者　杨有伦

百合水晶

栽培者　杨有伦

欣荣水晶

栽培者　杨有伦

银鹤水晶

栽培者　杨有伦
　　　　徐公明

欣荣水晶

栽培者　杨有伦

银鹤水晶

栽培者 杨有伦

徐公明

银剑水晶

栽培者　杨有伦

银剑水晶

栽培者　杨有伦

珍珠水晶

栽培者　杨有伦

宝丽水晶

栽培者　杨有伦
　　　　徐公明

春风水晶

栽培者　杨有伦

奔月水晶

栽培者　杨有伦

奔月水晶

栽培者　杨有伦

美伦水晶

栽培者　尧大海

美奂水晶

栽培者　尧大海

新生水晶
栽培者　杨有伦
初晓水晶
栽培者　温福岳

华冠水晶

栽培者　曾毅

玉洁水晶
栽培者　曾毅

稀宝水晶

栽培者　曾毅

玉斧水晶

栽培者　曾毅

美人水晶
栽培者　曾毅

红宝水晶

栽培者　大陆兰村

成业水晶

栽培者　陈云文

　　　　赵优胜

邀月水晶

栽培者　赵优胜
陈云文

春丽水晶

栽培者 杨有伦

贵 龙

栽培者 童世贵

揽月水晶

栽培者 杨有伦

祥云水晶

栽培者 张泽强

月辉水晶

栽培者　杨有伦

春意水晶

栽培者　杨有伦

遂心水晶

栽培者　张泽祥

春风水晶

栽培者　杨有伦

乐川水晶

栽培者 童世贵

金川水晶

栽培者 童世贵

佛光水晶

栽培者 杨有伦

奇美水晶
栽培者 陈少敏
刘仲健
游宪猛
杨石磷

佛龙水晶

栽培者　童世贵

鸳鸯水晶

栽培者　温福岳

富豪水晶

栽培者　梁汇钊 潘润成
　　　　徐秀东 刘仲健

本品水晶体“鹅头”腮状，具“眼

庆华水晶

栽培者　大陆兰村

本品产于四川峨眉山市，冠状水晶艺，水晶体成兜，雪白。

翠华水晶

栽培者　温福岳

本品冠状斑缟水晶艺

福 龙

栽培者　温福岳

徐秀东

银勺水晶

栽培者　大陆兰村

欢庆水晶

栽培者　黄炳坤
徐秀东

乐梅水晶

栽培者 大陆兰村

中华白海豚（水晶）

栽培者　刘国亮　陈少敏
刘仲健　徐秀东

中华白海豚

栽培者　刘国亮
陈少敏
刘仲健
徐秀东
潘润成

新桂水晶

栽培者　温福岳

富豪水晶

栽培者　梁汇钊
　　　　潘润成
　　　　徐秀东

寿星水晶

栽培者　徐秀东
陈秋生

金顶水晶

栽培者　温福岳

　　　　徐秀东　本品原产四川峨眉山市，冠形水晶艺，水晶体似海豚，具“眼睛”。

新鑫水晶

栽培者　大陆兰村

富民水晶

栽培者　刘仲健
　　　　林仲贤

秀龙水晶

栽培者　徐秀东

珍龙

栽培者　大陆兰村

本品为矮种，水晶中透艺。

三宝水晶

栽培者　叶俊男
叶添财
陈松和

明 龙
栽培者　大陆兰村

新发水晶

栽培者 大陆兰村

安龙

栽培者　大陆兰村

登峰水晶

栽培者　徐公明

巧妙水晶

栽培者　徐公明

冰心奇龙

栽培者　徐公明

福临水晶

栽培者　徐公明

凤来朝

栽培者　陈少敏

银峰水晶

栽培者　徐公明

青城水晶

栽培者　徐公明

兆祥水晶

栽培者　温福岳

奇异水晶

栽培者　罗德光

云雀水晶

栽培者

大陆兰村

天鹅水晶

栽培者

大陆兰村

剑　龙

栽培者　徐公明

秀龙水晶

栽培者　徐秀东

梁汇钊

玉峰水晶

栽培者　熊宗义

同乐水晶

栽培者　熊宗义

华祥水晶

栽培者　熊宗义

华安水晶

栽培者　熊宗义

华盛水晶

栽培者　熊宗义

天鹏水晶

栽培者　陈秋生

华月水晶　栽培者　熊宗义

宗　龙　栽培者　熊宗义

华云水晶　　栽培者　熊宗义

华宝水晶　　栽培者　熊宗义

易发水晶

栽培者　陈秋生

圣贤水晶

栽培者　邹振名　陈永贤

凌月水晶

栽培者　大陆兰村

耀　龙

栽培者　葛耀龙

醉　龙

栽培者　葛耀龙

昌平水晶

栽培者　徐秀东
温福岳

钻石水晶

栽培者　陈少敏
　　　　杨石磷

盛业水晶

栽培者　陈少敏

奇异水晶

栽培者　林盈竹
　　　　汤清喜

万成水晶

栽培者　郑学崇
秦文松

金 晶 龙

栽培者　古锦波

永佳水晶

栽培者　陈少敏

龙发水晶

栽培者　郑学崇
　　　　秦文松

春燕水晶

栽培者　郑学崇

秦文松

喜荣水晶

栽培者　邓进泉

林超权

百利水晶

栽培者　陈少敏

连冠水晶

栽培者　许宗寿

金凤水晶

栽培者　徐秀东　温福岳
陈少敏　刘仲健
王高潮　温艺明

丽春水晶

栽培者　许宗寿

兴旺水晶

栽培者　大陆兰村

仙鹤水晶

栽培者　郑学崇

全福水晶

栽培者　陈少敏
刘小鋆

金泰水晶

栽培者　秦文松
　　　　郑学崇

金陵水晶

栽培者　刘小鋆

利丰水晶

栽培者　陈少敏

　　　　刘小鋆

金碧水晶

栽培者　陈少敏
杨石磷

盛益水晶

栽培者　杨石磷

佳美水晶

栽培者　朱楚皇
陈少敏

凤来朝

栽培者　陈少敏

金元水晶

栽培者　陈少敏

黄木成

翡翠水晶

栽培者　陈少敏　杨石磷
　　　　何陆壹　游宪猛
　　　　刘仲健

狮头水晶

栽培者　刘小鋆

红 龙

栽培者 陈少敏

刘小鋆

珍荷水晶

栽培者　大陆兰村

顺佳水晶

栽培者　杨石磷

金童水晶

栽培者　陈少敏

铁骨素水晶

栽培者　陈少敏 吴承武

宝隆水晶

栽培者　陈少敏

帝王水晶

栽培者　吴承武
　　　　陈少敏

凤来朝

栽培者　林繁雄

鹰嘴水晶　栽培者　陈少敏

龙发水晶　栽培者　许宗寿

康乐水晶

栽培者　刘仲健
陈少敏

奇妙水晶

栽培者　陈少敏
　　　　吴承武

富贵水晶

栽培者　陈少敏
　　　　吴承武
　　　　杨石磷

金柏水晶

栽培者　邓剑柏

盛发水晶

栽培者　李卓锐

　　　　黄振健

鸡冠水晶

栽培者　连明伊

连庆堂

金利水晶

栽培者　陈少敏

杨石磷

奇胜水晶

栽培者　陈少敏

得宝水晶

栽培者　陈少敏

杨石磷

狮头水晶

栽培者　刘小鋆　陈少敏

奇异水晶

栽培者　陈少敏
杨石磷

钻石水晶

栽培者　陈少敏　杨石磷
　　　　游宪猛　刘仲健

晶 华

栽培者　郑鹏建

本品为广东产报岁兰系，叶质厚，色深绿，叶尖出现水晶体并呈宽嘴爪艺，起兜成瓢形状，水晶体薄如蝉翼，白色晶莹剔透，叶姿舒畅，是墨兰水晶中的珍稀品种。

龙飞凤舞

栽培者　郑鹏建

本品为四季兰水晶的奇型品种，叶尾水晶既起兜、又与凤来朝一样有眼睛，叶缘还有水晶龙，叶姿直立并翻转卷曲，可谓婀娜多姿、龙飞凤舞。本品为四季水晶兰较为珍贵的品种。

富贵材

栽培者　郑鹏建

本品为报岁水晶兰系，叶矮、宽、厚、浓绿，叶尖水晶体呈白色透明又起兜状，叶姿刚健有力。

乐　佛

命名者　徐公明
　　　　杨明九

栽培者　杨明九

本品1997年峨眉山下山兰，矮种，叶宽，水晶中透。

晶蕙

栽培者　杨明九　　　命名者　徐公明

本品1996年培育，矮种，水晶头，叶边呈线条水晶。　　　杨明九

雪　梅

命名者　徐公明
　　　　杨明九

栽培者　杨明九

本品 1996 年下山兰，水晶头。

晶 荷

栽培者　杨明九　　命名者　徐公明

本品 1998 年下山兰，矮种，花为荷瓣并有水晶复轮，水晶头。　　杨明九

川 冠

命名者 徐公明
杨明九

栽培者 杨明九

本品 1997 年培育，矮种、叶横褶皱，水晶头。

旭　月

命名者　徐公明　杨明九

栽培者　杨明九

本品1998年下山兰，矮种，水晶头奇型。

春　艳

命名者　徐公明　杨明九

栽培者　杨明九

本品1996年培育，矮种，叶中呈条纹水晶。

凤 冠

命名者　徐公明
　　　　杨明九

栽培者　杨明九

本品1998年下山兰，矮种，水晶头，包壳圆而晶莹透明。

锦 波

命名者 徐公明 杨明九
栽培者 杨明九

本品1996年培育，矮种，叶宽厚，叶中条纹水晶。

朝 凤

命名者 徐公明 杨明九
栽培者 杨明九

本品1998年下山兰，矮种，水晶头并昂首蓝天。

迎　春

命名者　徐公明
　　　　杨明九

栽培者　杨明九

本品 1996 年培育，矮种，水晶头。

奇异水晶（山采芽）

栽培者　蔡大章

盛彰水晶

栽培者　蔡大章

尊龙水晶

栽培者　陈少敏
杨石磷

醉凤水晶

栽培者　葛耀龙

稀宝水晶

栽培者　曾　毅

玉凤水晶

栽培者　曾　毅

奇异水晶

栽培者　陈少敏
　　　　杨石磷

凯旋水晶

栽培者　大陆兰村

附录　专家评介

中国兰花艺术的基础

——简评《中国兰花观赏与培育及病虫害防治》

陈心启

兰花艺术的欣赏，源于中国的传统文化。但凡其株叶、花朵、花香及株型均可成为其欣赏形式。无论兰花艺术形式怎样变化，必须建立于健康的兰花植株的基础上。为了系统地对国兰(*Cymbidium*)的植物学、生理学、病理病虫学、栽培学以及欣赏艺术等方面进行科学的阐述，探讨它们之间的相互关系及其机制，提出相应的管理措施，著名国兰专家刘仲健教授撰著了《中国兰花观赏与培育及病虫害防治》一书，目前已由中国林业出版社出版发行。

中国兰花艺术与中国其他的文化艺术一样，讲究空间的构图、色彩的对比及变化，层次及节奏和冰清玉洁、飘洒脱俗的君子神韵。本书较为直观地将国兰艺术的表现形式，通过实物照片展现在读者面前，全面而又有条理地将国兰线艺、奇叶矮种、奇花、色花及新兴的兰花水晶艺作出归类，使读者在欣赏这些国兰的艺术照片时得到了艺术的享受，领略中国传统文化之内涵，陶冶高尚之情操。

在理论上提高国兰艺术的科学性是本书的一个特色。正如书中所说的，兰花艺术的欣赏，必须建立于健康的兰花植株的基础上，这就有赖于科学的栽培技术。为了使国兰爱好者及有关人员提高栽培技术，掌握理论依据，本书结合实际深入浅出，将水分代谢，矿质营养，光合与呼吸作用，生长与发育，成花和抗性等生理理论，应用到国兰栽培管理的实践中去，合理地解释了国兰的艺术形式的成因和演替。合理地应用这些技术，将使国兰在传统的栽培基础上得到新的发展和提高。这些科学性的技术要求，书中都有比较深入的阐述和涉猎。

国兰的艺术欣赏的质量，往往是兰株受到病虫害的侵染而受到影响，本书最具特色的是较全面地介绍了兰花病虫害的种类、发生发展规律，使兰花爱好者及从业人员掌握兰花病虫害的诊断和防治方法，对症下药。同时，对有关国兰病虫害防治所需的药物作出了介绍，以便对兰花栽培中出现的病虫害进行控制，以保证兰花的健康生长，提高其欣赏价值。

追踪兰花艺术的市场及研究前沿，注重内容的新颖也是本书的目标。在该书的观赏篇中，图文并茂地介绍目前兰花艺术市场人气急升的水晶兰艺。培育篇的微量元素的平衡及调控和病虫害防治篇中的病毒病的诊断及防治方法，都有较为详尽的论述。总之，本书是目前国内较全面介绍国兰兰艺及相关科学的述著，做到理论与实践并重，应用与科普结合，艺术与市场融汇，正如著名经济学家千家驹先生为本书题词："养德养兰"。因此，本书不仅是国兰爱好者及从业人员的重要参考书，也有助于推动兰界精神文明建设的发展。

本文原载1999年3月23日《中国花卉报》

（陈心启先生现为中国科学院植物研究所研究员，中国兰花学会理事长。）

江泽慧 主编

中国名花专著系列

总策划：刘先银　雷嗣鹏

咨询电话：010-66177226
Mobile: 13601069689 13602626410
Email: steven@public.fhnet.cn.net

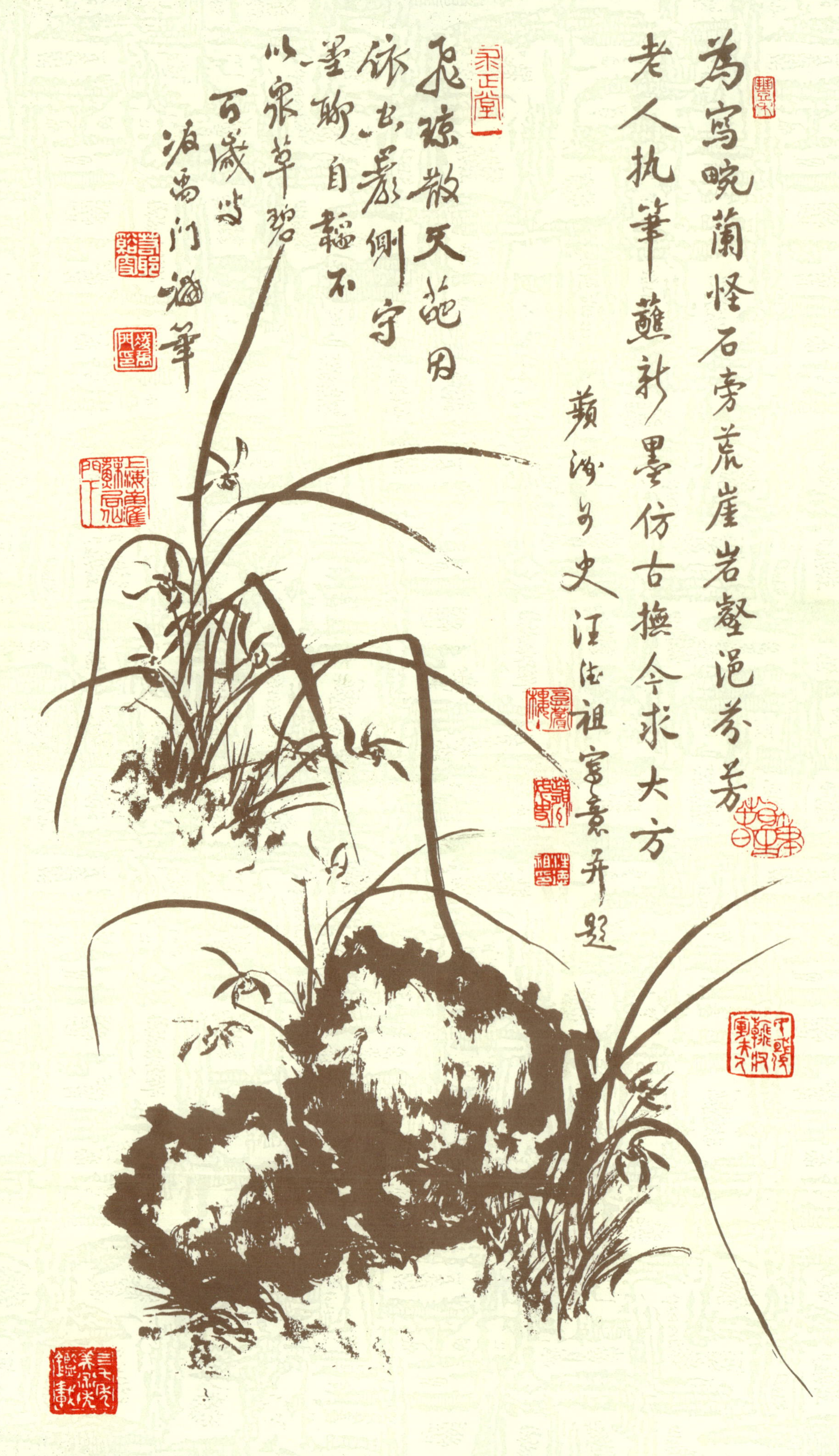
為寫畹蘭怪石旁荒崖岩壑浥芬芳
老人執筆蘸新墨仿古摭今求大方
飛瓊散天葩因
依出叢側守
墨聊自韜不
以衆草碧